Sebastian Hammer

Nachfrageinduzierte Regionalentwicklung - Die Exportbasistheorie

GRIN Verlag

Bibliografische Information der Deutschen Nationalbibliothek:

Die Deutsche Bibliothek verzeichnet diese Publikation in der Deutschen National-
bibliografie; detaillierte bibliografische Daten sind im Internet über http://dnb.d-
nb.de/ abrufbar.

Impressum:

Copyright © 2008 GRIN Verlag GmbH
Druck und Bindung: Books on Demand GmbH, Norderstedt Germany
ISBN: 978-3-640-12693-4

Dieses Buch bei GRIN:

http://www.grin.com/de/e-book/89117/nachfrageinduzierte-regionalentwicklung-
die-exportbasistheorie

GRIN - Your knowledge has value

Der GRIN Verlag publiziert seit 1998 wissenschaftliche Arbeiten von Studenten, Hochschullehrern und anderen Akademikern als eBook und gedrucktes Buch. Die Verlagswebsite www.grin.com ist die ideale Plattform zur Veröffentlichung von Hausarbeiten, Abschlussarbeiten, wissenschaftlichen Aufsätzen, Dissertationen und Fachbüchern.

Besuchen Sie uns im Internet:

http://www.grin.com/

http://www.facebook.com/grincom

http://www.twitter.com/grin_com

Nachfrageinduzierte Regionalentwicklung-
Die Exportbasistheorie

Sebastian Hammer

3.Semester

Seminar Wirtschaftsgeographie

Wintersemester 2007/2008

10.01.2008

Inhaltsverzeichnis   Seite

Abbildungsverzeichnis

Tabellenverzeichnis

Abkürzungsverzeichnis

Y	Einkommen
Y_L	Einkommen des lokalen Sektors
Y_R	Einkommen des Exportsektors
ΔY	Veränderung des Einkommens
c	marginale Konsumquote
q	marginale Importquote
t	Periode
GE	Geldeinheiten
UN	Unternehmen

1 Einleitung

Bei den Ansätzen zur Erklärung regionalen Wachstums wird zwischen traditionellen und polarisierten Modellen unterschieden. Die Exportbasistheorie zählt zu den traditionellen regionalen Wachstumstheorien (ECKEY 1994, S. 281). Sie beschreibt einen Ansatz, der die Nachfrageseite besonders hervorhebt und geht auf Arbeiten von Andrews, Duesenberry und North zurück (MAIER et al. 2006, S. 33). Die Exportbasistheorie „gründet sich auf die wirtschaftspolitische Konzeption des Keynesianismus" (ECKEY 1994, S. 281).

Um die Gedanken des Exportbasisansatzes besser zu verstehen, wird im folgenden Abschnitt versucht, die ihr zugrunde liegenden Überlegungen mit Hilfe eines einführenden Beispiels zu veranschaulichen.

2 Einführendes Beispiel

Wenn auf dem Weltmarkt die Nachfrage nach Eisen und Stahl zurückgeht, geraten Regionen, deren Wirtschaft durch Schwerindustrie dominiert wird, wie Bereiche der Obersteiermark oder das Ruhrgebiet, in die Krise. Durch den Nachfragerückgang können die dominierenden Betriebe ihre Erzeugnisse nicht mehr absetzen. Mit dem daraus resultierenden Umsatzverlust sind die Unternehmen gezwungen Kosten zu senken und werden u. a. Arbeitskräfte entlassen bzw. versuchen die Lohnkosten zu senken. Wegen der herrschenden Unsicherheit und den gleichbleibenden bzw. sinkenden Einkommen tendieren die Arbeitskräfte dazu, das Geld lieber zu sparen als es für den Konsum zu verwenden (MAIER et al. 2006, S. 33). „Meist spüren dies zuerst die Anbieter gehobener Konsumgüter, wie Auto-, Elektrogeräte- und Möbelhändler" (ebd., S. 33). Da die Anbieter dieser Güter dadurch ebenfalls einen geringeren Absatz verzeichnen, sind auch sie gezwungen, Kosten einzusparen. Daher werden auch sie Arbeitskräfte entlassen und andere Ausgaben kürzen. Dieser Effekt breitet sich in der Folgezeit durch alle Bereiche der regionalen Wirtschaft aus. Damit hat die Krise der dominierenden Wirtschaftszweige die gesamte Region erfasst (MAIER et al. 2006, S. 33).

Dieser abgelaufene Prozess ist auch für den positiven Fall möglich und genau dieses Phänomen beschreibt die Exportbasistheorie, welche im nachfolgenden Kapitel näher vorgestellt wird.

3   Die Exportbasistheorie

Die nachfolgenden Erklärungen zur Exportbasistheorie mittels ihrer zugrunde liegenden Annahmen, der Modellbeschreibung und den Erläuterungen beziehen sich zunächst auf eine Betrachtung für einen Ein-Regionen-Fall.

3.1   Die Exportbasistheorie im Ein-Regionen-Modell

3.1.1 Modellannahmen

Die Exportbasistheorie beruht auf der Annahme, dass das wirtschaftliche Wachstum einer
Region entscheidend von der Entwicklung seiner Güter- und Dienstleistungsexporte abhängt
(HEINEBERG 2004, S. 106). Die Unterteilung der regionalen Wirtschaft erfolgt in einen basic-
und einen non-basic-sector (KULKE 2004, S. 232). Für den Begriff des basic-sectors wird syn-
onym auch Basissektor oder Exportsektor verwendet, wohingegen der non-basic-sector auch
als Nicht-Basissektor bzw. lokaler Sektor bezeichnet wird. Der basic-sector „schließt alle Aktivitäten ein, deren Nachfrage sich außerhalb der Region befindet, d.h. deren Niveau durch
Kräfte außerhalb der Region bestimmt werden" (DICKEN / LLOYD 1999, S. 180). Der non-
basic-sector hingegen umfasst sämtliche Aktivitäten, deren Nachfrage innerhalb der Region
liegt. Des Weiteren wird davon ausgegangen, dass die lokalen Aktivitäten zumindest kurzfris-
tig vollständig von den Aktivitäten des basic-sectors abhängen (ebd., S. 180). Außerdem
nimmt die Exportbasistheorie das Exporteinkommen als exogen vorgegeben an, da es von der
Nachfrage anderer Regionen abhängt. Darüber hinaus geht der Exportbasisansatz davon aus,
dass sich die regionale Produktion immer Nachfrageänderungen anpassen kann. Dieses impli-
ziert eine weitere Annahme, nämlich der, dass die Wirtschaft der Region über genügend freie
Produktionskapazitäten verfügt (LAUSCHMANN 1976, S. 109).
Aufbauend auf diesen Annahmen wurde eine Modellbeschreibung entwickelt, die im nachfolgenden Abschnitt erläutert wird.

3.1.2 Modellbeschreibung

Die Abbildung 1 zeigt den Einkom-
menskreislauf im Ein-Regionen-Modell
der Exportbasistheorie. Exportaktivitäten
des basic-sectors lenken einen
Einkommensstrom in die untersuchte
Region (HEINEBERG 2004, S.106). „Dieses
Exporteinkommen, soweit es nicht gespart
wird, fließt teilweise wieder aus der
Region ab in Form von Gewinntransfers
bzw. von Ausgaben für Güter- und
Dienstleistungsimporte des Exportsektors"
(SCHÄTZL 2003, S. 151). Der verbleibende
Teil wird für Güter und Dienstleistungen

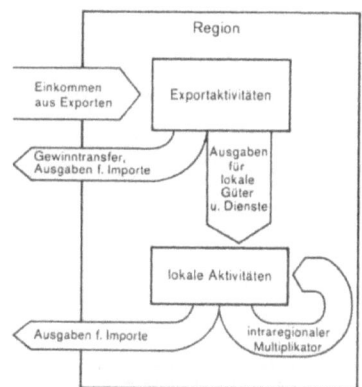

Abb. 1: Einkommenskreislauf im Exportbasis-
modell (Quelle: Schätzl 2003, S. 151).

des lokalen Sektors ausgegeben. Dadurch entsteht in diesem eine erhöhte Nachfrage. Dieser
erhöht infolgedessen seine Produktion, was wiederum ein höheres Einkommen der Beschäf-
tigten in diesem Bereich zur Folge hat (BATHELT / GLÜCKLER 2004, S. 75). Das Einkommen
des non-basic-sectors wird einerseits für Güter- und Dienstleistungsimporte verausgabt und
andererseits erneut für die lokalen Güter und Dienste ausgegeben. Deshalb erhöht sich die
Produktion und das Einkommen des non-basic-sectors erneut. Es ist ein intraregionaler Multiplikatorprozess in Gang gesetzt worden, der zu einem Mehreinkommen führt (SCHÄTZL 2003,
S. 151).

Das Prinzip dieses Exportbasismultiplikators wird nun im folgenden Abschnitt näher dargestellt.

3.1.3 Der Exportbasismultiplikator

Wie in den Annahmen festgelegt wurde, besteht die Wirtschaft der betrachteten Region aus
zwei Sektoren. Dem basic-sector, der exogene Einkommen in Höhe von (Y_X) erwirtschaftet,
sowie dem non-basic-sector, der sein Einkommen ausschließlich auf dem intraregionalen
Markt generiert (Y_L).

Beides zusammen ergibt somit dass Gesamteinkommen der Region (Y), was sich als

$$Y = Y_X + Y_L \qquad (1)$$

darstellen lässt (SCHÄTZL 2003, S. 151).

Das von der Nachfrage anderer Regionen abhängige Einkommen des basic-sectors wird wie festgelegt als exogen vorgegeben. Das Einkommen des non-basic-sectors hängt jedoch von dem Niveau der regionalen Nachfrage und davon, zu wie viel Prozent diese Nachfrage tatsächlich in der Region verbleibt, ab. Diesen Zusammenhang kann man als

$$Y_L = (c - q) * Y \qquad (2)$$

schreiben (MAIER et al. 2006, S. 34). Dabei beschreibt die Variable c die marginale Konsumquote. Sie gibt an, um wie viel der Konsum zunimmt, wenn das Einkommen um eine Einheit steigt (BABELER et al. 2002, S. 297). Die marginale Importquote q beschreibt jenen Anteil von Y, der für Importgüter verwendet wird. Je größer die marginale Konsumquote ist, desto größer ist der Anteil des Mehreinkommens, der in die regionale und überregionale Wirtschaft wieder zurückfließt. Mit steigender marginaler Importquote, fließt auch mehr zusätzliches Einkommen aus der Region wieder ab. Weitere volkswirtschaftliche Größen, wie Investitionen und Staatsausgaben, bleiben in der folgenden Betrachtung dieses Modells unberücksichtigt. Ein Hinzuziehen dieser Kennwerte würde die Betrachtungen verkomplizieren und hat auf den Zusammenhang des Exportbasismultiplikators keinen Einfluss. Mittels Einsetzen der Gleichung (2) in die Gleichung (1) erhält man eine Darstellung der Zusammenhänge zwischen dem Gesamt- und dem Exporteinkommen einer Region. Dieses stellt sich wie folgt dar:

$$Y = Y_X + (c - q) * Y \ . \qquad (3)$$

Durch die Subtraktion des Terms [(c-q)*Y] auf beiden Seiten und Zusammenfassung der Ausdrücke, ergibt sich

$$(1 - c + q) * Y = Y_X \ . \qquad (4)$$

Mit Hilfe der Division des Ausdrucks (1-c-q) auf beiden Seiten der Gleichung (4) erhält man die Darstellung des Gesamteinkommens der Region in Abhängigkeit von ihrem Exportein-kommen

$$Y = \frac{1}{1-c+q} * Y_X \qquad (5)$$

(Maier et al. 2006, S.34f). Der Term $\frac{1}{1-c+q}$ bezeichnet den Exportbasismultiplikator. Der Wert des regionalen Multiplikatoreffekts wächst mit steigender marginaler Konsumquote und sinkender marginaler Importquote (SCHÄTZL 2003, S. 152).

In Abbildung 2 wird die Entstehung des Exportbasismultiplikators noch einmal schematisch verdeutlicht. Man erkennt die Aufteilung der regionalen Wirtschaft in Exportwirtschaft und lokale Wirtschaft mit ihren jeweiligen Einkommen (Y_X und Y_L). Dieses zusam-mengenommen ergibt das Gesamteinkom-men der Region Y. Das Exporteinkommen Y_X kennzeichnet die einzige exogene Größe des Modells (Maier et al. 2006, S. 35). „Die Rückkopplungsschleife im rechten unteren Teil der Abbildung stellt die Basis für den Exportbasismultiplikator dar" (ebd., S. 35). Da ein Teil vom Einkommen der Region, genau [(c-q)*Y], in die lokale Wirtschaft zurückfließt, hat eine Erhöhung des

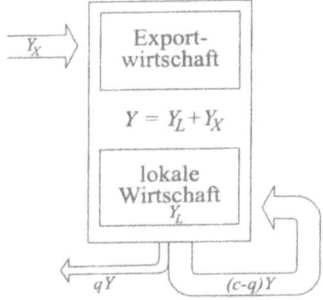

Abb. 2: Schema der Entstehung des Ex-portbasismultiplikators (Quelle: Maier et al. 2006, S. 35).

Exporteinkommens und die daraus resultierende Erhöhung des regionalen Gesamteinkom-mens auch einen positiven Einfluss auf die lokale Wirtschaft. Der Teil des Einkommens den die lokale Wirtschaft für Importe ausgibt, ist in Abbildung 2 mit (q*Y) gekennzeichnet (MAIER et al. 2006, S. 35).

Nachfolgend werden diese Zusammenhänge mithilfe eines Zahlenbeispiels verdeutlicht. Für eine Region wird angenommen, dass sie für 2000 Geldeinheiten Güter und Dienstleistungen exportiert. Die marginale Konsumquote der Region liegt bei 0,8 und die marginale Import-quote bei 0,4.

Durch Einsetzen dieser Werte in die Formel des Exportbasismultiplikators $\frac{1}{1-c+q}$ ergibt sich für diesen ein Wert von 1,67. Das bedeutet, dass die Region für die 2.000 Geldeinheiten, die sie in andere Regionen exportiert, Güter und Dienstleistungen im Wert von 1333,33 Geldeinheiten für die lokale Nachfrage herstellt. Daraus ergibt sich ein Gesamteinkommen für die Region von 3333,33 Geldeinheiten.

„Der vom Exportbasismultiplikator beschriebene Zusammenhang zwischen Exporterlösen und Regionaleinkommen stellt allerdings den Endzustand eines Prozesses dar, der in der Wirtschaft der Region abläuft" (MAIER et al. 2006. S. 36). Zur genaueren Erläuterung wird nachfolgend der ablaufende Prozess detaillierter betrachtet. Dazu werden dieselben Zahlen wie in dem eben erläuterten Beispiel verwendet. Die Region erwirtschaftet 2.000 Geldeinheiten als Exporteinkommen. Dieses steht der Region als Regionaleinkommen zur Verfügung. Aufgrund der marginalen Konsumquote in Höhe von 0,8 gehen davon 1600 Geldeinheiten in den Konsum, jedoch werden 800 Geldeinheiten (marginale Importquote = 0,4) für den Import von Gütern und Dienstleistungen verwendet und fließen aus der Region ab. Die verbleibenden 800 Geldeinheiten werden in der Region für lokale Güter und Dienstleistungen ausgegeben. Dadurch erhöht sich das Regionaleinkommen auf 2800 Geldeinheiten. Das zusätzliche Regionaleinkommen in Höhe von 800 Geldeinheiten geht wiederum zu 40 % in die lokale Wirtschaft und lässt das Gesamtregionaleinkommen um 320 Geldeinheiten auf 3120 Geldeinheiten steigen. In der darauf folgenden Periode gehen die 128 zusätzlichen Geldeinheiten zu 40% in die lokale Wirtschaft ein und erhöhen regionale Gesamteinkommen erneut. Dieser Prozess wiederholt sich in der Folgezeit immer wieder, was in Tabelle 1 zu erkennen ist.

t	ΔY	Y	t	ΔY	Y
1,00	2000,00	2000,00	9,00	1,31	3332,46
2,00	800,00	2800,00	10,00	0,52	3332,98
3,00	320,00	3120,00	11,00	0,21	3333,19
4,00	128,00	3248,00	12,00	0,08	3333,28
5,00	51,20	3299,20	13,00	0,03	3333,31
6,00	20,48	3319,68	14,00	0,01	3333,32
7,00	8,19	3327,87	15,00	0,01	3333,33
8,00	3,28	3331,15	16,00	0,00	3333,33

Tab. 1: Einkommenskreislauf mit Exportbasismultiplikator (Quelle: eigene Berechnungen).

Wie man erkennen kann, wird in Periode 15 der Wert des Regionaleinkommens erreicht, welchen man bei Verwendung der Formel des Exportbasismultiplikators erhält. Allerdings ist dies nur deshalb der Fall, da auf zwei Kommastellen gerundet wurde. Eigentlich müsste der Rückkopplungsprozess unendlich oft ablaufen, damit der mittels Exportbasismultiplikator errechnete Wert erreicht wird. Daher ist der Exportbasismultiplikator ein Ergebnis der unendlichen Reihe von wiederholten Einkommensrückflüssen in die regionale Wirtschaft. Er wird in seinem vollen Ausmaß nur dann wirksam, wenn dieser Wiederholungsprozess lang genug ablaufen kann (MAIER et al. 2006, S.36f).

Nachfolgend werden die Überlegungen zur Exportbasistheorie auf einen Zwei-Regionen-Fall angewandt.

3.2 Die Exportbasistheorie im Zwei-Regionen-Modell

Die Modellannahmen der Exportbasistheorie im Zwei-Regionen-Modell entsprechen im Großen und Ganzen denen des Ein-Regionen-Modells. Jedoch wird im Zwei-Regionen-Fall im Verlauf der Handlungsabläufe das Einkommen des basic-sectors teilweise und / oder komplett zur endogenen Größe und damit im Modell erklärt.

Der theoretische Ansatz im Zwei-Regionen-Modell geht auf den Ökonom J. S. Duesenberry zurück, der 1950 die Auswirkungen des Güterexportes auf das Wachstum der Wirtschaft in den USA im 19. Jahrhundert untersuchte (SCHÄTZL 2003, S. 149). Die erste Region ist agrarisch geprägt, erst kurze Zeit besiedelt und kaum wirtschaftlich entwickelt. Die zweite hingegen weist eine stärker ausgeprägte Besiedlung, eine fortgeschrittene Industrialisierung und ein höheres Entwicklungsniveau auf. Diese beiden Regionen sind in Abbildung 3 zu erkennen, wobei Region 1 durch die rechte Seite und

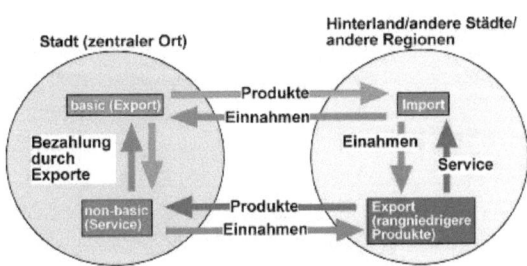

Abb. 3: Das Zwei-Regionen-Modell (Quelle: http://www.e-geography.de/module/stadt_3/images/zwei_regionen.jpg , Abruf am: 10.01.2008).

Region 2 durch die linke Seite dargestellt wird. Region 1 produziert nun Agrarprodukte über ihren Eigenbedarf hinaus (www.e-geography.de, o. J.).

Diese Agrarprodukte werden nun in Region 2 exportiert. Dadurch kommt es zu einem Einkommensanstieg in Region 1, jedoch verringert sich das Einkommen des non-basic-sectors der Region 2 in gleichem Maße (SCHÄTZL, 2006, S. 149). „Der Anstieg des Einkommens in Region 1 löst eine erhöhte Nachfrage nach Industrieprodukten aus, die in diesem agrarischstrukturierten Gebiet nicht befriedigt werden kann und so einen Import der Industriegüter aus Region 2 erforderlich macht" (www.e-geography.de, o. J.). Durch die erhöhte Nachfrage nach Industriegütern wird in Region 2 ein Multiplikatorprozess ausgelöst, welcher den Einkommensverlust im non-basic-sector übersteigt (SCHÄTZL 2003, S. 149). „In beiden Regionen erhöht der Außenhandel das Einkommen, dadurch werden zusätzlich in Wirtschaftsbereichen, die den lokalen Markt versorgen, positive Wachstumsimpulse induziert" (ebd., S. 149). Der in Region 2 ausgelöste Multiplikatoreffekt entspricht dem in Kapitel 3.1.3 vorgestellten Schema. Die Handlungsabläufe zwischen den Regionen sollen nachfolgend an einem Zahlenbeispiel illustriert werden.

Für die Betrachtung der Multiplikatorwirkung ist es ausreichend, dass man die Situation zum Anfang der dritten Periode betrachtet. Für Region 2 gilt, dass das zusätzliche Exporteinkommen, dass durch den Export von Industriegütern in Region 1 erzeugt wird, 200 GE beträgt. Darüber hinaus beträgt die marginale Konsumquote der Region 0,66 und die marginale Importquote 0,33. Durch Einsetzen in die Formel des Exportbasismultiplikators $\dfrac{1}{1-c+q}$ ergibt sich für diesen ein Wert von 1,5. Das bedeutet, dass die Region 2 für die zusätzlichen Exporteinnahmen in Höhe von 200 GE Güter und Dienstleistungen im Wert von 100 GE für den lokalen Bedarf herstellt. Das regionale Gesamteinkommen erhöht sich dadurch um 300 Geldeinheiten.

Nachfolgend soll auch dieser Prozess noch detaillierter erläutert werden.

	Region 1				Region 2			
t	Y_X	Y_L	Y	ΔY	Y_X	Y_L	Y	ΔY
1,00	0,00	1000,00	1000,00	0,00	1000,00	1000,00	2000,00	0,00
2,00	200,00	1000,00	1200,00	200,00	1000,00	800,00	1800,00	-200,00
3,00	200,00	1000,00	1200,00	0,00	1200,00	800,00	2000,00	200,00
4,00					1200,00	866,67	2066,67	66,67
5,00						888,89	2088,89	22,22
⋮	⋮	⋮	⋮	⋮	⋮	⋮	⋮	⋮
12,00						899,99	2099,99	0,01
13,00						900,00	2100,00	0,00

Tab. 2: Einkommenskreislauf mit Exportbasismultiplikator im Zwei-Regionen-Modell (Quelle: eigene Berechnungen).

In Tabelle 2 erkennt man die Ausgangssituationen in den beiden Regionen in Periode 1. Während Region 1 ausschließlich Agrargüter für den lokalen Markt produziert, hat Region 2 sowohl Einkommen aus Exporten (Y_X) wie auch aus lokalen Aktivitäten (Y_L). In der 2. Periode produziert Region 1 Agrargüter über den Eigenbedarf hinaus und exportiert diese in Region 2, was Exporteinkommen von 200 GE generiert und das regionale Gesamteinkommen auf 1200 GE steigen lässt. Durch den Güterimport werden diese auf dem lokalen Markt der Region 2 nicht mehr nachgefragt und das Einkommen dessen non-basic-sectors verringert sich um 200 GE. Das zusätzliche Einkommen in Region 1 führt zu einem Nachfrageanstieg in der Region nach Industrieprodukten, welche vom hiesigen non-basic-sector nicht befriedigt werden kann. Dadurch müssen diese aus Region 2 importiert werden und infolgedessen erhöht sich das Exporteinkommen der Region 2 um 200 GE auf 1200 GE. Dieses erhöhte Regionaleinkommen geht aufgrund der marginalen Konsumquote von 2/3 zu 0,66 in den Konsum ein, wobei jedoch 0,33 (marginale Importquote = 1/3) für Güterimporte aus der Region wieder abfließen. Dadurch erhöht sich das Einkommen des non-basic-sectors um 66,67 GE und das Gesamtregionaleinkommen steigt auf 2066,67 GE. Das zusätzliche Regionaleinkommen von 66,67 GE geht in der Folgeperiode wieder zu 0,33 in die lokale Wirtschaft ein und erhöht das regionale Gesamteinkommen auf 2088,89 GE. Dieser Prozess wiederholt sich in den folgenden Perioden immer wieder, was in Tabelle 2 zu erkennen ist. In Periode 13 erreicht das regionale Gesamteinkommen den Wert, den man bei Verwendung der Exportbasismultiplikatorformel erhalten hat. Dies geschieht, wie schon im Ein-Regionen-Modell festgestellt wurde, nur, weil bei den Zahlen auf zwei Kommastellen gerundet wurde. Eigentlich „muss dieser Rückkopplungsprozess unendlich oft ablaufen, damit wir den über den Exportmultiplikator errechneten Wert erreichen" (MAIER et al. 2006, S. 36).

Die vorgestellten Modelle der Exportbasistheorie, sowohl im Ein- als auch im Zwei-Regionen-Modell, weißen jedoch einige Schwächen auf, welche im folgenden Abschnitt dargestellt werden.

4   Kritik

Die Exportnachfrage als der wichtigste Parameter des Modells der Exportbasistheorie wird als exogen vorgegeben und bleibt damit ungeklärt. Es gibt keine Erklärungen, wie diese eigentlich entsteht. Da sich die Exportnachfrage einer Region aus den Importen anderer Regionen ergibt, hängen diese nach der Exportbasistheorie von den jeweiligen Exporteinkommen dieser Regionen ab. Würden diese zu einem System miteinander verflochtener Regionen verbunden, wäre kein Platz für eine externe Nachfrage und die Exportbasistheorie könnte ein regionales Wirtschaftswachstum hier nicht erklären (MAIER et al 2006, S. 38). Weiterhin ist kritisch anzumerken, dass die Höhe der Exporte auch durch die gewählte Größe der Region bestimmt wird. Wird die Regionsabgrenzung erweitert, wird automatisch ein Teil des Handels, der bisher zum Exportsektor gehörte, zum regionalen Handel (MÜLLER 1973, S. 132). Dieses ist in Abbildung 3 zu erkennen. Je größer man die betrachtete Region fasst, desto kleiner wird

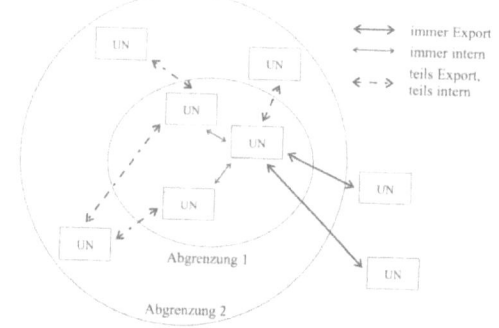

Abb. 4: Abhängigkeit des Exporteinkommens von der Regionsabgrenzung (Quelle: Maier et al. 2006, S.39).

das Exporteinkommen. Betrachtet man die Erde als die größtmögliche Region, so würde es laut der Exportbasistheorie kein wirtschaftliches Wachstum geben, da hier der Außenhandel null beträgt (ECKEY 1994, S. 282). Ein weiterer Kritikpunkt, der zum Teil schon erwähnt wurde, ist die Unterteilung der Wirtschaft in basic- und non-basic-sector. Einerseits hängt es von der Regionsabgrenzung ab, ob eine Tätigkeit zum Basissektor oder zum Nichtbasissektor gehört. Andererseits gibt es kaum Betriebe, die nur in einem der Sektoren operieren (MAIER et al. 2006, S. 40). „Damit verläuft die Grenze zwischen dem basic- und dem non-basic-Sektor quer durch die Betriebe, sodass eine klare Abgrenzung zwischen den beiden Sektoren meist nicht möglich ist" (ebd., S. 40). Weiterhin kritisch zu beurteilen ist, dass in Modellen der Exportbasistheorie die Betrachtung des Produktionspotentials einer Region, das heißt der Angebotsstruktur der Region vollkommen unterbleibt (SCHÄTZL 2003, S. 153).

Somit berücksichtigt die Exportbasistheorie nicht, dass die Wirtschaft einer Region nur über begrenzte Produktionskapazitäten verfügt und bei der Befriedigung der Nachfrage an Kapazitätsgrenzen stoßen kann. Damit unterstellt die Theorie, dass die regionale Wirtschaft immer freie Produktionskapazitäten besitzt, um die Nachfrage zu erfüllen (MAIER et al. 2006, S. 39). Von daher reduziert sich die Aussagekraft der Exportbasistheorie „auf Regionen mit nicht ausgelasteten Produktionskapazitäten bzw. rasch mobilisierbaren Produktionsreserven" (SCHÄTZL 2003, S. 153f). Ein anderer kritischer Punkt ist das Nichtberücksichtigen wichtiger Aspekte des Exportmarktes. Das gilt besonders für die Exportgüterpreise und die damit verbundene Konkurrenzfähigkeit der Region auf dem Exportmarkt. Dadurch, dass die Exportnachfrage exogen vorgegeben wird, kann die Exportbasistheorie keine Aussagen über Folgen für die Region durch Veränderungen auf dem Exportmarkt treffen. Veränderungen der Konkurrenzsituation und die Wirkung neuer Produkte, ebenso wie Preisänderungen und Innovationen werden von der Exportbasistheorie nicht abgebildet (MAIER et al. 2006, S. 40). Des Weiteren ist die schwache Betrachtung von interregionalen und intersektoralen Verflechtungen zu kritisieren. Es ist nicht von einer einseitigen Abhängigkeit des non-basic-sectors vom basic-sector auszugehen, sondern davon, dass eine wechselseitige, funktionale Beziehung zwischen den Sektoren besteht. So hängt der Exportsektor in seiner Entwicklung auch von einem leistungsstarken lokalen Sektor, in Form von Zuliefer- und Dienstleistungsbetrieben, ab. Außerdem beeinflussen die internen Wachstumsfaktoren der anderen Teilgebiete die regionale Exportbasis entscheidend (SCHÄTZL 2003, S. 154). Ein letzter Kritikpunkt betrifft die Tatsache, dass die Exportbasistheorie keine Aussagen über Strukturveränderungen in der Region macht. Dadurch, dass das Modell von gegebenen Wirtschaftsstrukturen ausgeht, bietet sie keinen Raum für Innovationen und Veränderungen der Wirtschaftsstruktur (MAIER et al. 2006, S. 40).

Ausgehend von den dargestellten Kritikpunkten werden nun im letzten Teil die Betrachtungen und Überlegungen des Modells zusammengefasst und die empirische Bedeutung der Exportbasistheorie dargelegt.

5   Zusammenfassung und empirische Bedeutung

Trotz der aufgezeigten Mängel kann die Exportbasistheorie regionales Wirtschaftswachstum partiell erklären (SCHÄTZL 203, S. 155). Sie eignet sich besonders für kurzfristige Prognosen des Wirtschaftswachstums von relativ kleinen Regionen. Die Kurzfristigkeit ergibt sich aus der erwähnten gegebenen Wirtschaftsstruktur und dem fehlenden Platz für Innovationen. Die geringe Größe der betrachteten Region ergibt sich aus dem Fakt, dass in kleineren Regionen die außerregionalen Faktoren weitaus wichtiger sind, als die innerregionalen. Dadurch ist die Schwäche der Exportbasistheorie, die innerregionalen Entwicklungsfaktoren nicht zu betrachten, nicht von entscheidender Wirkung (MAIER et al. 2006, S. 40). Des Weiteren stellt die Exportbasistheorie wichtige ökonomische Zusammenhänge dar, welche erhebliche praktische Relevanz haben. Dazu zählt das Aufzeigen der großen Bedeutung von Leitsektoren der Wirtschaft einer Region, die bei besonders starker Spezialisierung enorme Wichtigkeit besitzen. Sie zeigt darüber hinaus, dass zwischen den Sektoren der regionalen Wirtschaft Beziehungen herrschen. Ein weiterer wichtiger ökonomischer Zusammenhang ist, dass sich Veränderungen, die sich in den Leitsektoren vollziehen, letztendlich auf die gesamte regionale Wirtschaft auswirken (MAIER et al. 2006, S. 41). Außerdem ergeben sich aus der Verwendung der Exportbasistheorie einige Vorteile. So bringt der relativ einfache Hintergrund der Theorie auch Nichtökonomen grundsätzliche Überlegungen regionaler Wachstumsprozesse näher. Ferner hat die Exportbasistheorie praktischen Nutzen, indem sie eine direkte politische Umsetzung zulässt (ECKEY 1994, S. 282). „In praktischen Anwendungen des Exportbasismodells wird daher vielfach anstelle von Einkommen von Beschäftigtenzahlen – Exportbeschäftigte, für den lokalen Bedarf Beschäftigte – ausgegangen" (Maier et al. 2006, S. 40). Dies wird dadurch begründet, dass Handelsströme, die über die Regionsgrenzen verlaufen, im Normalfall nicht erfasst werden. Daher müsste für die Anwendung der Exportbasistheorie eine umfangreiche Ermittlung der Verflechtungen der Lieferbeziehungen der Betriebe erfolgen, oder man sich auf Schätzungen von ungewisser Qualität verlassen. Aus diesem Grund verwendet man die Beschäftigtenzahlen der Sektoren, da diese leichter zu erheben sind. Jedoch bleibt in diesem Fall zu kritisieren, dass unterschiedliche Arbeitsproduktivitäten der einzelnen Mitarbeiter eines Unternehmens nicht berücksichtigt werden (ebd., S. 40f).

Diese praktische Relevanz soll im Folgenden anhand von zwei empirischen Beispielen deutlich gemacht werden. Das erste Beispiel stellt das von der Schweizer Bundesversammlung beschlossene Mehrjahresprogramm 2008-2015 zur neuen Regionalpolitik dar. Laut diesem Programm „werden die Schwerpunkte für die direkte Förderung in erster Priorität auf wettbewerbsfähige Rahmenbedingungen für die regionale Exportwirtschaft gelegt" (www.evd.admin.ch, 2007). Die Exportbasistheorie bildet bei der Wahl der thematischen Schwerpunkte und Maßnahmen während der Förderperiode das wichtigste Kriterium. Die Maßnahmen zur Umsetzung „des Mehrjahresprogramms sollen einen unmittelbaren oder mittelbaren Beitrag dazu leisten, dass die Regionen als Standorte für exportfähige wirtschaftliche Leistungen gestärkt werden" (www.parlament.ch, 2007). Als Exporte gelten dabei alle Transfers von Gütern und Dienstleistungen aus der Region, dem Kanton oder der Schweiz hinaus (ebd.).

Der zweite empirische Beleg ist die „Gemeinschaftsaufgabe zur Verbesserung der regionalen Wirtschaftsstruktur" der Bundesrepublik Deutschland. Diese Gemeinschaftsaufgabe regelt in Deutschland per Gesetz die regionale Wirtschaftsförderung (BATHELT / GLÜCKLER 2002, S. 76, nach: BUTTLER et al. 1977). Ziel der Gemeinschaftsaufgabe ist die Förderung von Investitionsvorhaben, die nach den Vorstellungen der Exportbasistheorie zusätzliches Einkommen in die Region lenken. Damit ist der Exportbasis-Ansatz in der Gemeinschaftsaufgabe direkt verankert (BATHELT / GLÜCKLER 2002, S.76). Dadurch „genießt die Ansiedlung und Entwicklung von Produktionsunternehmen mit exportfähigen Gütern hohe Priorität" (www.dip.bundestag.de 2007). Daher müssen im Rahmen der Gemeinschaftsaufgabe „förderungswürdige Unternehmen exportorientiert sein, d.h. ihre Produkte verwiegend überregional absetzen" (BATHELT / GLÜCKLER 2002, S. 76).

Diese beiden aktuellen Beispiele zeigen durch ihre starke Anlehnung an die Ideen der Exportbasistheorie noch einmal die große praktische Relevanz des Ansatzes in der regionalen Wirtschaftsförderung.

6 Literaturverzeichnis

BABELER, U. / HEINRICH, J. / UTECHT, B. (2002): Grundlagen und Probleme der Volkswirtschaft. Stuttgart.

BATHELT, H. / GLÜCKLER, J. (2002): Wirtschaftsgeographie. Ökonomische Beziehungen in räumlicher Perspektive. Stuttgart.

DICKEN, P. / LLOYD, P.E. (1999): Standort und Raum. Theoretische Perspektiven in der Wirtschaftsgeographie. Stuttgart.

ECKEY, H.F. (1994): Exportbasistheorie. In: Akademie für Raumforschung und Landesplanung (Hrsg.): Handwörterbuch der Raumordnung. Hannover. S. 281f.

HEINEBERG, H. (2004): Einführung in die Anthropogeographie/ Humangeographie. Grundriss allgemeine Geographie. 2. Auflage, Paderborn.

KULKE, E. (2004): Wirtschaftsgeographie. Paderborn.

LAUSCHMANN, E. (1976): Grundlagen einer Theorie der Regionalpolitik. Taschenbücher zur Raumplanung. Band 2. 3. Auflage, Hannover.

MAIER, G. / TÖDTLING, F. / TRIPPL, M. (2006): Regional- und Stadtökonomik 2. Regionalentwicklung und Regionalpolitik. 3. Auflage, Wien, New York.

MÜLLER, J.H. (1973): Methoden zur regionalen Analyse und Prognose. Taschenbücher zur Raumplanung. Band 1. Hannover.

SCHÄTZL, L. (2003): Wirtschaftsgeographie 1. Theorie. 9. Auflage, Paderborn.

http://www.parlament.ch/afs/data/d/rb/d_rb_20070025.htm , Abruf am: 04.01.2008

http://www.evd.admin.ch/aktuell/00120/index.html?lang=de&msg-id=11208 , Abruf am: 04.01.2008

http://dip.bundestag.de/btd/16/052/1605215.pdf , Abruf am: 04.01.2008

http://www.e-geography.de/module/stadt_3/html/theorie_4.htm , Abruf am: 10.01.2008